THÉORIE

DES

EFFETS PHYSIOLOGIQUES

DE

L'ÉLECTRICITÉ

PAR

M. A. CHAUVEAU,

LYON,

IMPRIMERIE D'AIMÉ VINGTRINIER,

Quai Saint-Antoine, 35,

1860.

THÉORIE

DES

EFFETS PHYSIOLOGIQUES

DE

L'ÉLECTRICITÉ

La théorie des effets physiologiques de l'électricité a été pour moi le sujet d'un examen très-minutieux, dont j'ai consigné les résultats dans plusieurs mémoires récemment publiés par le *Journal de la physiologie de l'homme et des animaux*. Noyés au milieu des détails nombreux que comporte nécessairement une pareille étude, les faits principaux que mon travail a mis en évidence avaient besoin, pour être bien compris, d'être groupés méthodiquement dans un court résumé. Cette note a pour objet de présenter ce résumé sous une forme aussi aphoristique que possible.

L'électricité peut agir sur l'économie animale sous quatre formes principales, qui sont : 1º Les courants induits ; 2ᵉ les décharges d'électricité statique ; 3º les courants voltaïques, comprenant les courants hydro-électriques et thermo-électriques ; 4º le courant propre des tissus animaux, qui n'est qu'une variété de courant voltaïque. Avant d'exposer les faits particuliers relatifs à chacune de ces formes d'électricité, j'exposerai les faits généraux qui ressortent de la synthèse de ces faits particuliers que, je présenterai ensuite comme les corollaires obligés des premiers.

A. — FAITS GÉNÉRAUX.

1. L'effet physiologique de l'électricité doit être entendu de la mise en jeu, par cet agent, de l'irritabilité des tissus excitables des animaux.

2. Cet effet est nécessairement, ou le résultat direct de la *polarisation* qu'éprouvent les molécules organiques placées sur le passage de l'électricité, ou un résultat secondaire des effets *chimiques, calorifiques, mécaniques* que la transmission des courants produit habituellement dans les liquides, auxquels les organes de l'économie animale doivent être assimilés sous le rapport du mode de conduction des courants.

3. La *polarisation électrique* des molécules animales pendant le passage des courants, polarisation qui permet et constitue même la transmission de l'électricité, n'exerce aucune influence excitante directe sur les tissus animaux, ni par elle-même, ni par les variations qu'elle peut éprouver, ni par les modifications qu'elle imprime à la polarité électrique naturelle dans les organes qui sont le siége de courants propres.

4. Les *effets chimiques* des courants, dépendant exclusivement de la quantité d'électricité qu'ils mettent en circulation, sont d'autant plus prononcés que le conducteur organique a été traversé pendant plus longtemps par un courant plus intense. Quand ils sont énergiques et longtemps prolongés, ils ont pour résultat définitif la coagulation de l'albumine des tissus dans le point d'application du rhéophore positif, coagulation suivie de la mortification et de l'escharrification des parties affectées. Quand ils sont faibles, ils n'agissent qu'en modifiant l'excitabilité physiologique, qu'ils augmentent ou diminuent, en produisant les phénomènes intéressants décrits par M. Pfluger sous les noms d'*anélectrotonus* et de *katélectrotonus*. Mais ces effets chimiques ne sont pas la cause de l'excitation elle-même.

5. Les *effets calorifiques*, autre mode d'expression de la *quantité* d'électricité des courants, quand ils traversent avec la même vitesse des conducteurs de résistance égale, se résument dans une élévation insignifiante de température, qui reste, comme l'action électrolytique, étrangère à la mise en jeu de l'irritabilité des tissus.

6. Les *effets mécaniques* que les courants produisent résultent de la *tension* de l'électricité. Des fils métalliques, qui deviennent incandescents pendant le passage d'un courant, n'éprouvent aucun effet mécanique si le courant n'a qu'une tension faible ; mais quand l'électricité de ce courant est douée d'une haute tension, elle peut déterminer l'inflexion du fil sur différents points , le briser en plusieurs fragments, le pulvériser même et disperser ses molécules, tout en n'élevant pas la température davantage. Dans l'économie animale, l'effet mécanique produit par la tension des courants consiste dans un ébranlement moléculaire, qui excite, à la manière des irritants mécaniques ordinaires, les organes placés sur le passage de l'électricité. Si ces organes sont des muscles, ils se contractent ; si ce sont des nerfs, il y a production de douleur et contraction musculaire , ensemble ou séparément, suivant que les nerfs sont sensitifs, moteurs ou mixtes. Ce sont ces phénomènes qui constituent ce que l'on a appelé les *effets physiologiques* de l'électricité : expression convenable en tant qu'elle désigne les conditions dans lesquelles ces phénomènes se développent, mais expression tout-à-fait impropre eu égard à la nature de ces phénomènes, dont l'origine est toute mécanique, et qui ne sont en aucune manière le résultat d'une action spéciale de l'électricité.

7. L'excitation mécanique produite par l'électricité, étant un effet de la *tension* des courants, éprouve l'action de toutes les influences qui augmentent ou diminuent cette tension. Ainsi, forte avec les courants à haute tension , elle est faible ou nulle avec les courants à tension faible ou insuffisante , même quand ces derniers mettent en mouvement de grandes quantités d'électricité. De plus, elle varie encore avec la tension dans les divers points d'un circuit parcouru par un même courant.

8. Dans les organes animaux qui servent de conducteurs à l'électricité, la tension électrique se montre moins forte dans le milieu du conducteur que vers les points extrêmes ; d'un autre côté, celle du point *d'entrée* de l'électricité est

toujours moins considérable que celle du point de *sortie* ; et, si plusieurs animaux sont disposés en chaîne conductrice les uns à la suite des autres, la distribution de la tension dans chacun d'eux a lieu absolument comme s'il formait à lui seul le conducteur interpolaire. Par conséquent, l'excitation mécanique, engendrée par le passage d'un courant dans les organes d'un ou de plusieurs animaux, est plus forte aux points d'entrée et de sortie de l'électricité, ou bien se fait sentir à ces deux points seulement, ou même n'existe que du côté de la sortie, suivant l'intensité de la force électro-motrice.

9. La tension des courants étant en rapport d'intensité avec leur densité, l'ébranlement mécanique qu'ils exercent sur les molécules des conducteurs animaux est toujours, les choses étant égales d'ailleurs, plus énergique dans les points où l'électricité est fortement condensée.

10. La direction des fibres animales est sans influence immédiate sur les effets produits par l'action excitatrice de l'électricité.

B. — FAITS RELATIFS AUX COURANTS INDUITS.

11. Tous les courants induits, y compris l'extra-courant des hélices inductrices, se comportent physiologiquement de la même manière, et suivant les principes qui viennent d'être exposés. Ils ne mettent en mouvement que de petites quantités d'électricité ; mais cette quantité d'électricité a toujours de la tension. Aussi sont-ils peu propres à produire dans l'organisme des effets chimiques ou caloriques, tandis qu'ils ont une grande aptitude à faire naître l'excitation mécanique. Leur action est sensiblement instantanée comme la durée des courants eux-mêmes.

12. Les deux courants qui se développent dans une hélice induite, sous l'influence de la fermeture et de l'ouverture d'une hélice inductrice qui sert de conducteur à un courant voltaïque, ou sous l'influence de l'accroissement et de l'affaiblissement de ce courant, sont toujours *égaux*

en *quantité* ; mais ils peuvent présenter des différences extrêmement variables sous le rapport de la tension, et des différences équivalentes se manifestent dans les effets mécaniques et physiologiques : fait important sur lequel repose principalement la théorie de la nature mécanique de l'excitation produite par l'électricité.

Quand les fils des hélices sont courts et la pile qui engendre le courant inducteur très-résistante, le courant de fermeture ou *inverse* possède une tension qui se rapproche beaucoup de celle du courant d'ouverture ou *direct*. L'action mécanique des deux courants est alors peu différente, et il en est de même de leur aptitude à produire l'excitation physiologique.

Si les fils des hélices sont extrêmement longs et la pile peu résistante, la supériorité de tension du courant direct devient énorme, surtout si l'hélice inductrice est pourvue à son centre d'un faisceau de fils de fer doux. Aussi la même supériorité se manifeste-t-elle dans la propriété de produire l'ébranlement mécanique et les phénomènes d'excitation. En provoquant la naissance des deux courants induits par l'accroissement et l'affaiblissement du courant inducteur, sans ouvrir ou fermer le circuit de la pile (et le meilleur moyen d'arriver à ce résultat c'est d'enlever ou de rétablir un arc de dérivation jeté entre les deux pôles de la pile), cette supériorité de tension du courant *direct* s'efface complètement ; ce courant devient alors aussi peu apte que le courant inverse à produire l'ébranlement mécanique des conducteurs inanimés et l'excitation physiologique des conducteurs animaux.

13. La supériorité de tension que possède le courant direct, dans le cas où l'induction s'opère par la fermeture et l'ouverture du circuit inducteur, permettant à ce courant de traverser plus facilement que l'inverse des conducteurs résistants, il peut arriver que le courant direct produise une déviation plus grande de l'aiguille d'un galvanomètre placé sur le passage de l'électricité, avec une personne qui apprécie la différence d'intensité dans la com-

motion provoquée par chaque courant. Cette plus grande déviation indiquant que la quantité d'électricité lancée dans le corps de la personne qui fait partie du circuit est plus grande au moment de la transmission du courant direct, on pourrait être tenté d'attribuer à cette circonstance l'action physiologique plus forte du courant direct. Mais on s'assure facilement qu'il n'en est rien, en comparant dans les mêmes conditions expérimentales l'action galvanométrique des deux courants engendré par deux hélices différentes : le courant inverse d'une très-longue hélice munie d'un électro-aimant pourra traverser le conducteur animal en déviant beaucoup l'aiguille aimantée, mais sans produire de commotion sensible ; le courant direct d'une hélice plus courte non pourvue d'électro-aimant, passera dans le même conducteur et dans le même galvanomètre en déviant l'aiguille aimantée de quelques degrés à peine, mais en produisant une forte commotion.

14. En raison de leur faible pouvoir électrolytique, les courants induits ne modifient pas très-sensiblement l'excitabilité des tissus qu'ils traversent. Ils n'agissent guère comme modificateur de l'excitabilité qu'à la manière des agents mécaniques ordinaires, par l'ébranlement qui provoque l'excitation elle-même ; et comme cet ébranlement moléculaire est toujours extrêmement faible, son action modificatrice sur l'excitabilité peut être considérée comme nulle quand les courants sont peu actifs. Aussi les courants induits sont-ils admirablement propres à faire voir d'une manière très-pure les effets de l'excitation électrique, comme on pourra s'en convaincre par les faits suivants qui montrent comment s'exerce cette excitation sur les nerfs et les muscles avec des courants très-faibles, n'ayant la puissance d'exciter qu'à leur point de sortie des organes animaux.

(a) Action des courants induits sur les muscles.

15. Un animal est mis dans le circuit d'un courant

induit suffisamment faible, au moyen d'un rhéophore placé sur un muscle nu, dont les nerfs ont perdu leur excitabilité, et d'un second rhéophore reposant sur un point quelconque non excitable de l'économie, le tendon du muscle par exemple : le muscle ne se contracte pas s'il répond à l'excitateur positif, c'est-à-dire au *point d'entrée* de l'électricité dans le conducteur animal ; tandis que, dans le cas inverse, c'est-à-dire si le muscle répond au *point de sortie*, les fibres charnues se contractent énergiquement au voisinage de ce point de sortie.

16. Même cas que le précédent, seulement plusieurs animaux sont placés dans le circuit et reliés entre eux par des conducteurs métalliques : le muscle se contracte sur chaque animal si l'électricité va du tendon au muscle ; les fibres charnues restent immobiles quand le courant marche dans le sens contraire. Avec la première direction, si la surface des excitateurs est augmentée sur un certain nombre d'animaux, de manière à diminuer la densité de l'électricité à la *sortie* de l'organe musculaire, la contraction ne se manifeste plus chez ces animaux.

(b) *Action du courant induit sur les nerfs.*

17. On peut faire agir le courant induit sur les nerfs dans trois conditions différentes : 1° le nerf découvert mais restant en rapport avec les parties environnantes ; 2° le nerf isolé servant seul de conducteur interpolaire ; 3° le nerf isolé formant conducteur avec les muscles dans lesquels il se distribue.

PREMIER CAS. — *Le nerf est découvert mais reste en rapport avec les parties environnantes, et l'animal tout entier remplit le rôle de conducteur.* — 18. Un courant induit suffisamment faible est lancé dans un animal de façon qu'un excitateur réponde à un nerf et l'autre à un point quelconque non excitable : l'effet du courant est nul si c'est l'excitateur positif qui répond au nerf ; mais dans le cas où c'est l'excitateur négatif, les muscles animés par le nerf se contractent énergiquement, absolument comme si celui-ci eût été serré entre les mors d'une pince vers le point de contact avec l'excitateur. Ce résultat s'obtient avec toutes les directions possibles du courant considérées par rapport à celle des fibres nerveux. Ainsi, sur une grenouille dont le nerf sciatique est en rapport avec l'excitateur négatif d'un circuit induit, la contraction des muscles de la jambe se manifeste toujours de la même manière, quelle que soit la position de l'excitateur positif, qu'il réponde à la tête de l'animal ou à l'extrémité de la patte, ou à la partie moyenne de la cuisse.

19. Le courant traverse un animal de manière à *entrer* par un nerf et à *sortir* par une branche de ce nerf : le muscle animé par celle-ci se contracte seul. Le courant est renversé, et la *sortie* de l'électricité répond au tronc nerveux : ce sont tous les muscles auxquels ce dernier se distribue qui entrent en contraction.

20. Les deux excitateurs sont en contact, l'un avec un nerf, l'autre avec un second tronc nerveux : on observe alors alternativement la contraction des muscles placés sous la dépendance des deux nerfs, en changeant la direction du courant, de manière qu'il *sorte* alternativement par l'un et par l'autre.

21. Un nerf est coupé en travers, et les deux excitateurs placés l'un, sur le bout central, l'autre sur le bout périphérique : si l'animal est un mammifère très-sensible à la douleur, il manifeste seulement de la souffrance quand l'électricité sort par le bout central ; tandis qu'il y a exclusivement contraction des muscles animés par le nerf, si l'électricité s'échappe par le bout périphérique ; c'est-à-dire que, dans ce cas encore, l'effet produit est semblable à celui qui se manifesterait si l'on pinçait alternativement le bout central et le bout périphérique du nerf.

22. Plusieurs animaux, reliés entre eux par des conducteurs métalliques, sont placés dans le circuit du courant induit, de manière qu'on puisse provoquer simultanément sur une chaîne d'un certain nombre de sujets les excitations de

nerfs dont il vient d'être parlé : sur tous les animaux, les mêmes effets se reproduisent avec les mêmes caractères. Ici encore, on fait manquer l'excitation au point de sortie du courant sur un ou plusieurs animaux, en augmentant la surface de l'excitateur négatif, et en diminuant ainsi à ce point de sortie la densité de l'électricité.

DEUXIÈME CAS.—*Le nerf est isolé et forme seul le conducteur interpolaire.*— 23. On isole un nerf frais en continuité avec ses muscles, et les deux rhéophores du circuit induit sont placés sur lui, l'un plus haut, l'autre plus bas : l'excitation ne s'exerce pas sur toute la longueur de la portion du nerf parcourue par le courant, mais seulement au niveau de l'un des rhéophores, du supérieur si le courant est ascendant, de l'inférieur si le courant est descendant. Comme le nerf possède alors partout à peu près la même excitabilité, la contraction provoquée est sensiblement la même dans les deux cas. Mais si l'on écrase le nerf entre les deux excitateurs pour détruire la continuité des tubes nerveux, la contraction, qui se manifeste toujours quand le courant est descendant, cesse de se produire lorsque l'électricité suit la marche ascendante, parce que l'excitation du point de sortie ne peut plus être alors transmise aux muscles.

24. Si le nerf, au lieu d'être frais, est séparé du tronc depuis assez longtemps, l'excitabilité des tubes, encore forte du côté périphérique, décroît assez rapidement si on la recherche de plus en plus près de l'origine du tronc. Aussi alors le courant descendant provoque-t-il une contraction, qui manque dans le cas de courant ascendant, parce que le premier a son point de sortie placé dans une région plus excitable que le second.

25. Un rameau nerveux étant convenablement isolé, avec ses muscles, du tronc qui l'émet, si l'on place l'excitateur positif sur le rameau, le négatif sur le tronc, si, de plus, on écrase celui-ci au-dessous du rhéophore négatif pour empêcher l'excitation produite au niveau de ce rhéophore d'être transmise aux muscles, un courant très-

faible ne provoquera point de contraction ; un courant plus fort excitera le rameau nerveux et fera contracter les muscles auxquels ce rameau est destiné ; un courant plus fort encore agira de toute l'étendue du conducteur interpolaire, et provoquera ainsi la contraction générale des muscles qui reçoivent les ramifications du tronc nerveux.

26. Un courant est lancé dans un nerf isolé, de manière à le croiser d'une manière parfaitement transversale : les effets de l'excitation sont alors un peu moins forts que si le même courant avait la direction longitudinale. Mais la différence, toujours légère, s'explique par cette considération que, dans le cas de courant transversal, la section du conducteur interpolaire étant représentée par toute la longueur du nerf, l'électricité est beaucoup moins condensée, sur les fibres profondes du nerf, que dans le cas de courant longitudinal, où le conducteur présente pour section la faible épaisseur du cordon nerveux.

Troisième cas. — *Les nerfs isolés forment avec leurs muscles le conducteur interpolaire.* — 27. Un nerf frais, attaché à ses muscles par sa partie périphérique, est coupé et isolé dans une certaine partie de sa longueur. On applique un rhéophore sur le nerf, l'autre sur les muscles, et l'on fait passer un très-faible courant induit dans le conducteur ainsi disposé. On remarquera que le conducteur est formé de deux portions bien distinctes placées à la suite l'une de l'autre, le muscle et le nerf, présentant chacune son point d'entrée et son point de sortie. On remarquera encore que le courant a été choisi assez faible pour ne pas faire contracter directement les fibres musculaires, beaucoup moins excitables que les tubes du nerf. Il n'y a ainsi à s'occuper que de l'action exercée sur le conducteur nerveux. Or, l'électricité est très-inégalement condensée aux deux extrémités de ce conducteur : très-dense à l'extrémité supérieure, qui répond directement à la fine pointe de l'un des rhéophores, le courant se trouve, à l'extrémité périphérique du conducteur, disséminé sur les ramifications nerveuses englobées dans les masses musculaires. Par conséquent, dans le cas de courant ascendant, il pourra y avoir vive excitation du nerf au point de sortie de l'électricité, quand cette excitation manquera entièrement dans le cas de courant descendant. Aussi le premier provoque-t-il une belle contraction, lorsque le second reste inactif.

28. Même cas que le précédent, seulement le nerf n'est pas tout à fait frais, et la perte d'excitabilité qu'il a subie à son extrémité supérieure compense l'excès de densité que l'électricité possède à cette extrémité : alors le courant descendant et le courant ascendant produisent des effets sensiblement égaux. La perte d'excitabilité de l'extrémité supérieure peut être encore plus considérable, et le courant descendant devient ainsi plus actif que le courant ascendant, contrairement à ce qui a lieu avec le nerf tout à fait frais. On peut provoquer d'emblée sur celui-ci la manifestation de ces derniers phénomènes, en écrasant le nerf au-dessous de l'excitateur qui est mis directement en rapport avec lui.

29. Les deux faisceaux nerveux de la région lombaire d'une grenouille étant isolés et séparés l'un de l'autre par la section médiane de la colonne vertébrale, on applique les deux excitateurs sur l'extrémité supérieure des deux nerfs. Le courant induit agit alors en même temps, dans les conditions des expériences précédentes, sur deux conducteurs nerveux distincts, dont l'un est parcouru de haut en bas par l'électricité et l'autre de bas en haut.

Il n'y a, bien entendu, qu'une patte qui se contracte à chaque passage de courant, et c'est celle dans le nerf de laquelle l'électricité suit la marche ascendante ; l'autre patte reste immobile, à cause de la grande étendue du point par lequel l'électricité sort du conducteur nerveux qui répond à cette patte. Si l'on écrase les deux faisceaux nerveux au-dessous du point d'application des excitateurs, ce sont les deux pattes à la fois qui restent immobiles quand on fait passer le courant (dans le cas, au moins, où l'on attend la fin de la très-courte période d'hyperexcitabilité qui suit nécessairement l'écrasement des nerfs), parce qu'alors l'excitation produite par le courant ascendant ne peut plus être transmise aux muscles. En augmentant ensuite graduellement la force du courant, on arrive à faire contracter une des pattes ; mais ce n'est plus celle dont le nerf est parcouru par le courant ascendant, c'est l'autre : le courant ascendant ne peut agir, en effet, à son point de sortie, tandis que le courant descendant conserve au sien toute son activité, qu'il peut exercer malgré le peu de densité que possède à ce point l'électricité.

30. Une grenouille étant préparée à la manière de Volta (les deux pattes de derrière séparées dans la symphyse du bassin, et ne tenant plus l'une à l'autre que par les nerfs lombaires isolés et un morceau de colonne vertébrale), si les deux excitateurs sont mis en rapport avec les deux extrémités de la grenouille, les conducteurs représentés par les deux cordons nerveux sont encore parcourus en même temps par l'électricité, l'un dans le sens ascendant, l'autre dans le sens descendant : si la grenouille est très-fraîchement préparée, et l'excitabilité des nerfs assez sensiblement la même partout, un courant au minimum d'activité ne fait contracter que la patte dans le nerf de laquelle ce courant marche de bas en haut, parce que l'électricité est moins disséminée dans ce nerf à l'extrémité par laquelle s'effectue la sortie du courant. Quand les nerfs ne sont plus frais et que leur excitabilité est perdue à l'extrémité supérieure et dans la partie moyenne, c'est au contraire la patte où le courant est descendant qui se contracte, résultat qu'on obtient d'emblée sur les grenouilles fraîches en écrasant les deux cordons nerveux entre les mors d'une pince.

31. Un nerf est soulevé en anse au-dessus des tissus qui l'englobent, et mis en rapport, par le milieu de la partie soulevée, avec un excitateur, l'autre étant appliqué sur les tissus placés au-dessous de l'anse ; pour qu'il y ait contraction des muscles animés par le nerf, il faut que l'excitateur qui est en rapport avec celui-ci soit le négatif. Le

nerf étant écrasé au milieu de sa moitié inférieure, c'est, au contraire, quand l'excitateur positif repose sur lui que la contraction se manifeste avec un courant au minimum d'activité.

C. — FAITS RELATIFS AUX DÉCHARGES D'ÉLECTRICITÉ STATIQUE.

32. Les décharges d'électricité statique sont des flux instantanés d'électricité qui ont encore plus de tension et mettent moins d'électricité en mouvement que les courants induits. En principe, elles doivent donc se comporter exactement comme ces derniers. Aussi, toutes les expériences qui viennent d'être racontées, et qui montrent surtout l'influence de la supériorité d'action de l'électricité à son point de sortie des conducteurs animaux, peuvent être répétées au moyen de faibles décharges conductives de la bouteille de Leyde.

D. — FAITS RELATIFS AUX COURANTS VOLTAÏQUES.

33. Tout courant voltaïque doit se décomposer en trois éléments : 1° une *décharge initiale*, instantanée, analogue aux décharges d'électricité statique, par laquelle débute le courant au moment où l'on ferme son circuit ; 2° le *courant continu* lui-même pendant sa période d'état ; 3° une *décharge terminale*, instantanée, semblable à la première, seulement beaucoup plus faible, se manifestant au moment de l'ouverture du circuit voltaïque (1). De simples variations d'intensité du courant continu peuvent provoquer la naissance des deux décharges accessoires.

La *décharge initiale* marche dans le sens du courant continu ; la *décharge terminale*, en sens inverse. Cette

____

(1) J'ai appelé *extra-courants* ces deux décharges dans mon deuxième mémoire. C'est à tort, le mot étant déjà employé en physique pour désigner tout autre chose.

direction est nettement indiquée par les effets sur les gal-
vanoscopes physiologiques.

34. Ces deux décharges instantanées jouissent des
mêmes propriétés physiologiques que les courants induits
et les flux d'électricité statique. Aussi n'est-il pas une seule
des expériences rapportées plus haut qui ne puisse être
répétée avec l'une ou l'autre décharge. Les résultats
obtenus n'ont cependant pas tout à fait la même netteté,
parce que l'électrolyse puissante qu'exerce le courant voltaïque continu, source de ces deux décharges instantanées,
modifie profondément l'excitabilité des tissus dont ces
décharges doivent provoquer l'excitation.

35. Le courant continu n'agit pas seulement sur l'excitabilité des tissus en la modifiant, il peut aussi la mettre
en jeu, mais avec beaucoup moins d'intensité que les flux
instantanés d'électricité, à cause du peu de tension de ce
courant et de son peu d'aptitude à produire l'ébranlement
mécanique. C'est surtout sur les parties éminemment
excitables, comme les ganes des sens, que son action est
facile à constater. Cette action s'exerce, du reste, tout à
fait de la même manière que celle des courants instantanés,
particulièrement en ce qui concerne la supériorité de l'excitation au point de sortie du courant, comme Volta l'a
constaté le premier sur la peau.

E. — FAITS RELATIFS AU COURANT PROPRE DES ANIMAUX.

36. Le *courant musculaire*, le *courant nerveux*, le
courant cutané, le *courant musculo-cutané* sont des flux
d'électricité voltaïque qui peuvent produire une décharge
initiale et une décharge terminale, ayant la même action
que celles des courants hydro et thermo-électriques.

www.ingramcontent.com/pod-product-compliance
Lightning Source LLC
LaVergne TN
LVHW010809180726
843502LV00011B/4440